图书在版编目（CIP）数据

聪明的算法 / 未来童书编著. -- 北京 ：人民邮电
出版社，2022.7
（迪士尼前沿科学大揭秘系列）
ISBN 978-7-115-59016-9

Ⅰ．①聪… Ⅱ．①未… Ⅲ．①计算机算法－少儿读物
Ⅳ．①TP301.6-49

中国版本图书馆CIP数据核字(2022)第051368号

## 本书编委会

出 品 人：李 翊
监　制：黄雨欣
项目统筹：黄振鹏
项目策划：王娟娟
文字编写：涂 洁　王娟娟
教　研：蔡键铭　陈 月　郑 铎　李苏娟
　　　　薛明惠　王浩岑　王一博
设　计：李德华　卜 凡　陈安琪
版权经理：苏珏慧
项目支持：才钰涵

## 内 容 提 要

　　这是一套为 6～12 岁小读者量身打造的前沿科学大揭秘系列科普书。丛书选用迪士尼经典卡通形象及电影为载体，通过一个个电影桥段，讲解童话故事中涉及人工智能、数据分析、算法等方面前沿科学的基础知识，并用童话照进现实的方式，配合沉浸式的阅读体验，引发小读者的好奇心，揭秘新科技背后的原理。

　　本书通过 6 段电影桥段讲解了顺序查找法、二分查找法、冒泡排序法、选择排序法、凯撒加密法和贪心法这 6 种简单的基本算法，用看电影的方式，揭秘这几种算法的基本概念和如何应用，让小读者体会到这些算法的神奇之处，达到边看故事边学知识的目的。在讲解完后，书中还给出了一些趣味挑战游戏，引导小读者学以致用，在游玩中轻松掌握这些算法知识。

　　本书适合对迪士尼童话故事及前沿科学感兴趣的小读者阅读参考。

◆ 编　著　未来童书
　 责任编辑　王朝辉
　 责任印制　陈 犇

◆ 人民邮电出版社出版发行　　北京市丰台区成寿寺路11 号
　 邮编　100164　电子邮件　315@ptpress.com.cn
　 网址　https://www.ptpress.com.cn
　 雅迪云印（天津）科技有限公司印刷

◆ 开本：889×1194　1/16
　 印张：5　　　　　　　　2022 年7月第1 版
　 字数：130 千字　　　　2022 年7月天津第1 次印刷

定价：98.00 元
读者服务热线：（010）81055410　印装质量热线：（010）81055316
反盗版热线：（010）81055315
广告经营许可证：京东市监广登字20170147 号

DISNEY
迪士尼

—— 迪士尼前沿科学大揭秘系列 ——

# 聪明的算法

未来童书 编著

人 民 邮 电 出 版 社
北 京

# 写给小读者：

  迪士尼塑造的电影角色让无数的大朋友和小朋友为之着迷，《超能陆战队》里暖心的机器人大白、《无敌破坏王 2：大闹互联网》里为了朋友两肋插刀的拉尔夫、《疯狂动物城》中正直善良的朱迪警官……咔！当童话照进现实，电影里遇到的问题，如果用现实中的高科技来解决，会发生怎样的大转折呢？看到机器人大白可以快速诊断小宏的健康状况，你是否想知道他是如何做到的呢？接下来，你将带着这些好奇，开启一场与前沿科学有关的奇妙之旅。

  电影人物面对的烦恼，也许你在成长中也会遇到。这套书将会给你打开一个无比独特的视角来解决它们：你绝对想不到，用漏斗分析法，能让快要倒闭的厨神餐厅起死回生；用对比分析法，竟然能帮助《赛车总动员》里的闪电麦昆成为无冕之王；你更想不到，用简单的二分查找法，就能让豹警官快速找到档案；还有贪心法，拉尔夫用它就能更快买到甜蜜冲刺的方向盘，守护云妮洛普的家园……

  《了不起的人工智能》《会说话的数据》《聪明的算法》不仅是对前沿科学的科普，更是一份给大家的"未来技能包"。在机器轰鸣的工业时代，我们可以通过拆解零部件了解每一个伟大的发明。如今，我们迎来了人工智能时代，发明的原理变得越来越"肉眼不可见"，宝贵的知识往往藏在海量的信息深处。在未来世界，以人工智能为代表的前沿科学，必将改变我们的生活，创造全新的万物。了解人工智能、数据分析和算法，是人们未来不可或缺的"软技能"。

  希望这套书能为小读者们打开一扇通往未来世界的大门，让"未来技能包"和迪士尼童话里的真善美常伴你们左右！

——猿编程创始人

# 目录

# 「顺序查找法」

顺序查找法是最简单的算法之一。

现在就让我们看看用顺序查找法是怎样找东西的吧！

老鼠小米天生具有灵敏的味觉和嗅觉。

加上经常出入人类厨房，他爱上了烹饪。

**注意！**

老鼠小米需要找到藏红花为他的烤蘑菇增加风味。

**可是**

厨房里的调味品摆放得 **乱七八糟** 的！

小米东一榔头  西一棒槌地

 碰到什么查什么，不一会儿就把自己搞晕了！

忘了哪些调味瓶已经查过了，

哪些调味瓶还没查。

# 顺序查找法
## 是这样找东西的！

想使用顺序查找法，必须先有  ，  就是排成一列的东西，比如：

排成一列的数字

# 6 1 8 7 2 5 4 3 9 ……

排成一列的字母

# A B C D E F G H I J K ……

排成一列的书

 为了找到藏红花，小米得先把摆得乱七八糟的调味瓶 **排成序列！**

## 再标上序号！

① ② ③ ④ ⑤ ⑥ ⑦ ⑧

**排序完毕！** 现在就可以利用顺序查找法，从左到右，逐个查找藏红花啦！

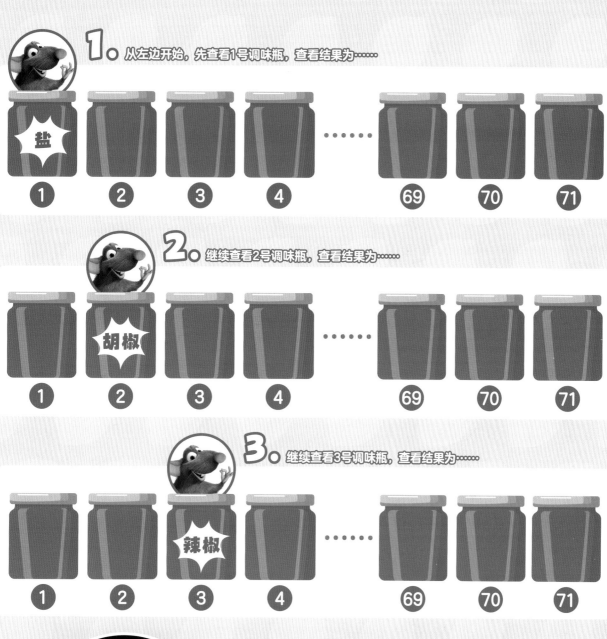

**1.** 从左边开始，先查看1号调味瓶，查看结果为……

盐 ① ② ③ ④ …… ⑥⑨ ⑦⓪ ⑦①

**2.** 继续查看2号调味瓶，查看结果为……

① 胡椒 ② ③ ④ …… ⑥⑨ ⑦⓪ ⑦①

**3.** 继续查看3号调味瓶，查看结果为……

① ② 辣椒 ③ ④ …… ⑥⑨ ⑦⓪ ⑦①

就这样，小米利用 **顺序查找法**
逐个检查，终于在第43号调味瓶里找到了藏红花！

## 这就是顺序查找法：

从序列的一端开始，逐个查看每个数据，
直到找到目标为止。

**小贴士**

顺序查找法操作起来最简单，但不一定最快。如果查找的第一个就是目标，那么只要一
次就能结束查找。但如果目标在序列中间或者序列末尾，那就要查找很多次才能找到目
标，序列中的数据越多，查找所花费的时间就越长。

# 恭喜你认识了第一个算法！

我们特意准备了美味的蛋糕为你庆祝。其中有一块蛋糕跟其他蛋糕长得不一样，那是厨神亲手做的！快去找找看吧！

**友情提示**

给盘子标上序号，然后逐盘排查，
可以帮你更快找到**厨神的蛋糕**！

# 二分查找法

当你需要在大量有序排列的数据中找东西时，二分查找法能帮你大大缩短查找的时间。

现在就让我们看看用二分查找法是怎样快速查找的吧！

兔子朱迪
从警校
毕业后

加入了
动物城警察局
第一分局。

这天，警局接到新的案子。

但傲慢的牛局长却不信任她的能力。

勇敢的兔子朱迪接受了牛局长的挑战！

| 电影名 | 疯狂动物城 |
| --- | --- |
| 场次 | 1场1次 |

## 好消息是：

1.每份档案的侧栏都标注着案件当事人的**姓名**。

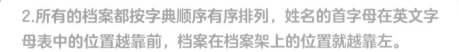

2.所有的档案都按字典顺序有序排列，姓名的首字母在英文字母表中的位置越靠前，档案在档案架上的位置就越靠左。

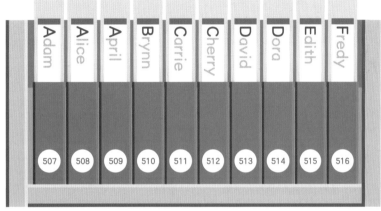

| Adam | Alice | April | Brynn | Carrie | Cherry | David | Dora | Edith | Fredy |
|------|-------|-------|-------|--------|--------|-------|------|-------|-------|
| 507 | 508 | 509 | 510 | 511 | 512 | 513 | 514 | 515 | 516 |

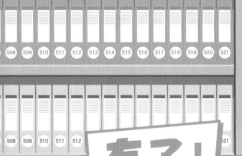

## 有了！

当一串数据是按一定顺序排列时，可以用

# 二分查找法！

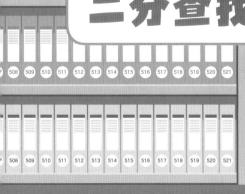

# 二分查找法
## 是这样找东西的！

**练习一下吧！**

假设现在有15份档案，根据案主的姓名首字母在字母表中的顺序，从左到右排列在档案架上。Jack的档案也在其中。

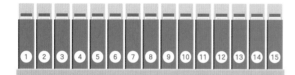

要想用二分查找法从中找出Jack的档案，我们可以这样做：

**1** 查看中间位置的档案夹，由于15的中间数是8，因此查看第8号档案夹，发现里面是Edward的档案。

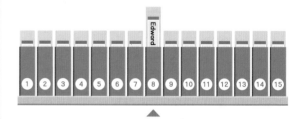

**2** 由于字母表中，J排在E的后面，推断可知，Jack的档案位于Edward档案的后面，所以将Edward及其前面的档案移出查找范围。

—— 英文字母表 ——

ABCD (E) FGHI (J) KLMNOPQRSTUVWXYZ

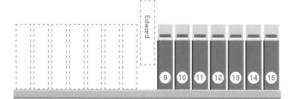

**3** 在剩下的档案夹中继续查看中间位置的档案夹，发现里面是Helen的档案。

**4** 由于字母表中，J排在H的后面，推断可知，Jack的档案位于Helen档案的后面，所以将Helen及其前面的档案移出查找范围。

—— 英文字母表 ——

ABCDEFG (H) I (J) KLMNOPQRSTUVWXYZ

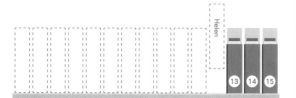

**5** 在剩下的档案夹中继续查看中间位置的档案夹，查看结果为Ken的档案。

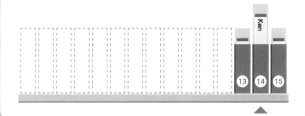

**6** 由于字母表中，J排在K的前面，推断可知，Jack的档案位于Ken档案的前面，所以将Ken及其后面的档案移出查找范围。

—— 英文字母表 ——
ABCDEFGHI J K LMNOPQRSTUVWXYZ

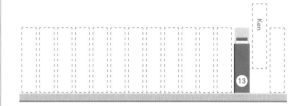

**7** 查看剩下的档案夹，正是Jack的档案！

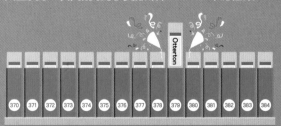

## 这就是二分查找法：

通过比较中间位置的数据与目标数据的顺序关系，推断目标数据是在目前序列中间位置的前面还是后面。每比较一次就可以把查找范围缩小一半，从而大大缩短了查找时间。

现在，豹警官来到奥獭顿（Otterton）档案所在的档案架。这排档案架上一共存放着521份档案。如果一本一本地查找，得查找上百次！利用二分查找法，豹警官只查找了7次，就找到了奥獭顿（Otterton）的档案！

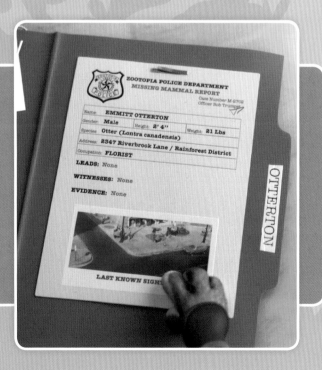

# 试试看用二分查找法完成下面的趣味挑战吧！

**挑战1**

## 零食拆拆乐

找到随书附赠的零食盒小卡片，请你的同伴帮忙，把它们按序号从左到右摆成一行。有图片的一面朝下，不要偷看哦！

已知，序号小的盒子重量轻，序号越大，重量越重，装有甜甜圈的盒子重136克。你能利用二分查找法快速找到甜甜圈吗？

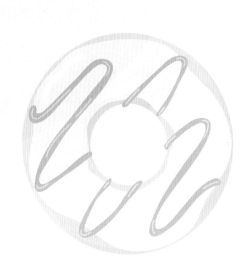

22

# 心中有"数"

你玩过猜数字游戏吗?

简单来说,就是在1~50中任选一个数字,让其他人来猜。

每次猜测,出数字的人会提示猜数字的人

他猜的数字跟目标数字相比,是大了还是小了。

假设你现在是猜数字的人,你需要猜的数字是35,

你能利用

## 二分查找法

快速猜出这个数字吗?

电影名 怪兽电力公司

场次 1场1次

# 冒泡
# 排序法

冒泡排序法又叫交换排序法，是算法中一种排列顺序的方法。

有请惊吓专员出场。

现在就来看看用冒泡排序法是怎样排序的吧！

苏立文和麦克是

怪兽电力公司的惊吓专员。

这家公司靠人类小孩的尖叫声发电。

尖叫声怎么来呢？

这就要靠惊吓专员。

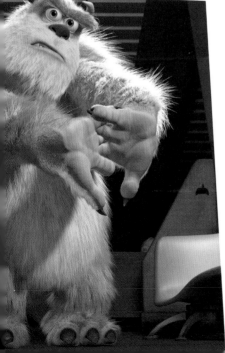

此门通向人类小孩房间。

嗷！！！

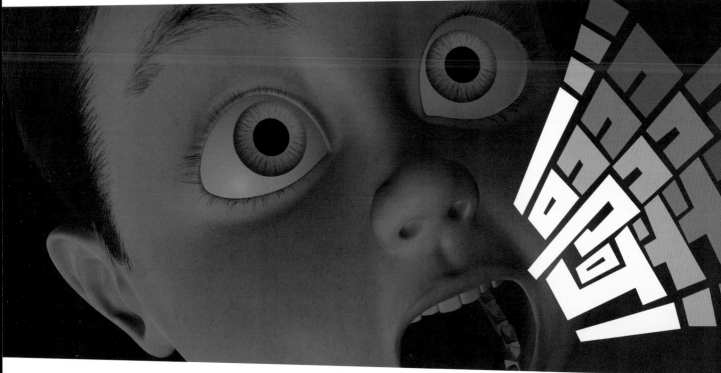

啊！

高超的吓人技巧加上默契的配合，让苏立文和麦克连续11个月当选公司"惊吓之星"。

这让其他怪兽又佩服又嫉妒
他们都想超过苏立文和麦克。

现在，新的月度惊吓值又统计出来了
怪兽们都热切期盼着排名结果。

苏立文和麦克能守住本月的"惊吓之星"吗？

咔!

| 电影名 | 怪兽电力公司 |
|---|---|
| 场次 | 1场1次 |

# 注意！

怪兽电力公司需要评选出本月的"惊吓之星"。

只有**惊吓值最高的怪兽**才能当选。

下图右栏是12月怪兽们各自的惊吓值。

| 11月惊吓值 | 12月惊吓值 |
|---|---|
| **99513** | **100222** |
| **99372** | **100119** |
| **79012** | **73200** |

| | |
|---|---|
| **68306** | **43227** |
| **67992** | **57646** |
| **67236** | **65301** |

| | |
|---|---|
| **66101** | **56123** |
| **58986** | **65985** |
| **55764** | **78151** |
| **44422** | **45211** |

跟上个月比，每个怪兽的惊吓值都发生了变化。老板荷特路需要根据新的惊吓值为怪兽们做新的排名。

# 他决定用
# 冒泡排序法！

29

# 冒泡排序法
## 是这样给数据排序的！

 ①  ②  ③  ④

假设现在有4位惊吓专员参与排序，他们的惊吓值如图所示。

惊吓值 41　　惊吓值 66　　惊吓值 99　　惊吓值 55

要想用冒泡排序法，把它们的惊吓值按从高到低的顺序排好，可以这样做：

**1** 从序列最左边开始，比较1号位置和2号位置的惊吓值。由于41<66，所以交换  和 的位置。

 ①  ②  ③  ④

惊吓值 41　　惊吓值 66　　惊吓值 99　　惊吓值 55

 ①  ②  ③  ④

惊吓值 66　　惊吓值 41　　惊吓值 99　　惊吓值 55

**2** 继续比较2号位置和3号位置的惊吓值。由于41<99，所以交换  和  的位置。

 ①  ②  ③  ④

惊吓值 66　　惊吓值 41　　惊吓值 99　　惊吓值 55

 ①  ②  ③  ④

惊吓值 66　　惊吓值 99　　惊吓值 41　　惊吓值 55

**3** 继续比较3号位置和4号位置的惊吓值。由于41<55，所以交换  和  的位置。

| 1 | 2 | 3 | 4 |
|---|---|---|---|
| 惊吓值 66 | 惊吓值 99 | 惊吓值 41 | 惊吓值 55 |

| 1 | 2 | 3 | 4 |
|---|---|---|---|
| 惊吓值 66 | 惊吓值 99 | 惊吓值 55 | 惊吓值 41 |

**4** 至此，第一轮排序结束。4个怪兽中  的惊吓值最小，所以把他放在4号位置。

| 1 | 2 | 3 | 4 |
|---|---|---|---|
| 惊吓值 66 | 惊吓值 99 | 惊吓值 55 | 惊吓值 41 |

**5** 从头开始，重新比较1号位置和2号位置的惊吓值。由于66<99，所以交换  和  的位置。

| 1 | 2 | 3 | 4 |
|---|---|---|---|
| 惊吓值 66 | 惊吓值 99 | 惊吓值 55 | 惊吓值 41 |

| 1 | 2 | 3 | 4 |
|---|---|---|---|
| 惊吓值 99 | 惊吓值 66 | 惊吓值 55 | 惊吓值 41 |

**6** 继续比较2号位置和3号位置的惊吓值。由于66>55，不用交换  和  的位置。

 惊吓值 99

 惊吓值 66

惊吓值 55

 惊吓值 41

**7** 至此，第二轮排序结束，1-3号怪兽中  的惊吓值最小，所以把他放在3号位置。

 惊吓值 99

 惊吓值 66

 惊吓值 55

 惊吓值 41

**8** 从头开始，继续比较1号位置和2号位置的惊吓值。由于99>66，不用交换  和  的位置。

 惊吓值 99

 惊吓值 66

 惊吓值 55

 惊吓值 41

**9** 至此，惊吓值最高和第二高的怪兽也确定了。**排序结束**

 惊吓值 99

 惊吓值 66

 惊吓值 55

惊吓值 41

## 这就是冒泡排序法：

通过比较相邻两个数据的大小，调整数据的位置，最终使所有数据都移动到正确的位置上。由于这种算法里的每一个数据都可能像气泡一样，根据自身大小，一点一点地向序列的一侧移动，所以称这种算法为冒泡排序法。

现在，把所有怪兽的惊吓值都放在一起，利用冒泡排序法，两两比较，怪兽电力公司本月的惊吓值排名出来了。恭喜苏立文和麦克，再次荣登榜首，成为本月的

# "惊吓之星"！

**小贴士**

还记得二分查找法吗？它只能在一个有序的序列中查找。当面对一个乱序的序列时，可以先用冒泡排序法把它整理成有序的序列再用二分查找法进行查找。

# 试试看用冒泡排序法完成下面的趣味挑战吧!

挑战1

排队做体操

下课铃响了，同学们要排队去操场做操。
找到随书附赠的人形卡牌。先把"小人"随机摆放到脚印上方，
再用冒泡排序法，把他们按身高从矮到高排好。

# 西瓜我最大

西瓜大赛开始了，西瓜们想知道自己的排名。
找到随书附赠的西瓜卡牌。先把"西瓜"随机摆放到瓜蒂下方，
再用冒泡排序法，把它们按重量从大到小排好。

| 电影名 | 飞机总动员 |
| --- | --- |
| 场次 | 1场1次 |

# 选择排序法

选择排序法是另一种通过交换实现排序的算法。

现在就让我们看看用选择排序法是怎样排序的吧！

各位，这是世界范围内举办的最后一场选拔赛了。

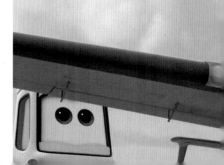

德思奇是一架农药喷洒机……

告诉你们吧，我会遥遥领先的！

却一心梦想着参加飞行竞赛。

新一届环球之翼飞行大赛开始了，德思奇也报了名。

选拔赛前五名，将获得环球之翼飞行大赛的参赛资格。

但他一上场就遭到了无情的嘲笑。

德思奇没有退缩。

速度309千米/时。

终于，所有选手都完成了比赛，
屏幕上显示出他们各自的成绩。

咔！

德思奇能入选环球
之翼飞行大赛吗？

| 电影名 | 飞机总动员 |
| --- | --- |
| 场次 | 1场1次 |

## 注意！

**德思奇想知道自己能否入选**
**环球之翼飞行大赛。**

现在，所有选手的比赛成绩都显示在电子屏幕上了。

# 只有前五名才能获得参赛资格。

| | |
|---|---|
| **7** | **01:24:26** |
| **17** | **01:21:48** |
| **23** | **01:21:37** |
| **3** | **01:23:22** |
| **9** | **01:22:58** |
| **8** | **01:24:47** |
| **19** | **01:25:16** |
| **86** | **01:26:02** |
| **18** | **01:24:33** |
| **17** | **01:24:89** |
| **26** | **01:25:46** |
| **33** | **01:26:18** |
| **48** | **01:24:90** |

德思奇决定用
**选择排序法**
了解自己的排名。

# 选择排序法
## 是这样给数据排序的

假设参加选拔赛的只有4名选手，他们的飞行用时标在下方，数值越小，排名越靠前。

84秒　95秒　74秒　90秒

要想用选择排序法，把他们按飞行用时从短到长的顺序排好，可以每次选择待排序选手中用时最少的，依次放到排行榜上，直到排序完成。如果待排序的选手不多，自然可以一眼看出最小值，但如果选手很多，怎么选出最小值呢？可以这样做：

**1** 从头开始，先暂定1号选手  为最小值，把它跟后面的选手依次作比较。比到  时，发现  用时更短。

### 飞行排行榜

| 1 | 2 | 3 | 4 |
|---|---|---|---|
|   |   |   |   |

待排序选手

84秒　95秒　74秒　90秒

暂定最小

84秒

### 飞行排行榜

| 1 | 2 | 3 | 4 |
|---|---|---|---|
|   |   |   |   |

待排序选手

84秒　95秒　74秒　90秒

暂定最小

84秒

**2** 最小值由  变成  。

### 飞行排行榜

| 1 | 2 | 3 | 4 |
|---|---|---|---|
|   |   |   |   |

待排序选手

84秒　95秒　74秒　90秒

暂定最小

**3** 继续把  跟后面的选手作比较。

### 飞行排行榜

| 1 | 2 | 3 | 4 |
|---|---|---|---|
|   |   |   |   |

待排序选手

84秒　95秒　74秒　90秒

暂定最小

74秒

42

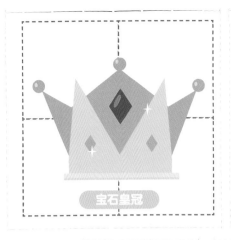
宝石皇冠

魔法水晶球

战士的披风

贪心法宝贝
卡牌正面

闪电宝石

火焰宝石

冰冻宝石

暴风宝石

力量戒指

敏捷戒指

智慧戒指

运气戒指

选择排序法竹管卡牌正面

二分查找法
零食盒卡片正面

11

1 2 3 4 5 6 7 8 9 10

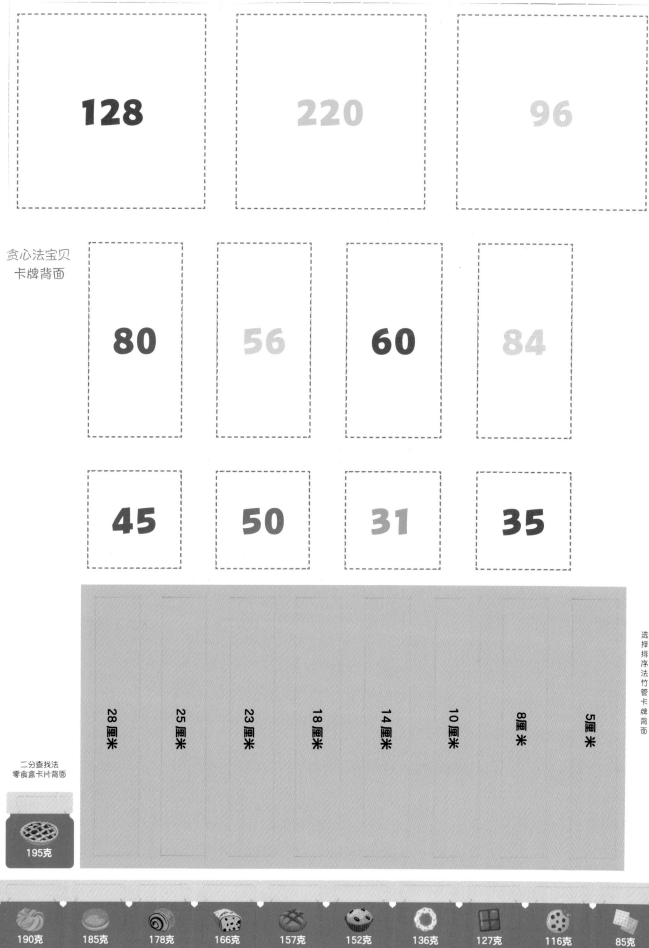

128
220
96

贪心法宝贝
卡牌背面

80
56
60
84

45
50
31
35

选择排序法竹管卡牌背面

28厘米
25厘米
23厘米
18厘米
14厘米
10厘米
8厘米
5厘米

二分查找法
零食盒卡片背面

195克

190克
185克
178克
166克
157克
152克
136克
127克
116克
85克

9斤
11斤
13斤
15斤
18斤
22斤
17斤

98厘米
101厘米
103厘米
106厘米
110厘米
112厘米
115厘米
118厘米
125厘米

15颗　31颗
10颗　35颗
17颗　46颗
21颗　55颗
28颗　60颗

冒泡排序法卡牌　　选择排序法卡牌

**4** 由于没有发现比74更小的数，确定 就是4名选手中用时最少的。

飞行排行榜

| 1 | 2 | 3 | 4 |

待排序选手

84秒　95秒　74秒　90秒

↑ 最小

**5** 将 放到排行榜的第一位置。第一轮排序结束。

飞行排行榜

| 1 | 2 | 3 | 4 |

待排序选手

84秒　95秒　90秒

**6** 从头开始，暂定 为最小值，把它跟后面的选手依次作比较。

飞行排行榜

| 1 | 2 | 3 | 4 |

待排序选手

84秒　95秒　90秒

暂定最小　　　84秒

飞行排行榜

| 1 | 2 | 3 | 4 |

待排序选手

84秒　95秒　90秒

暂定最小　　　　　84秒

**7** 由于没有发现比84更小的数，确定 就是剩下3名选手中用时最少的。

飞行排行榜

| 1 | 2 | 3 | 4 |

待排序选手

84秒　95秒　90秒

↑ 最小

**8** 将 放到排行榜的第二位置。第二轮排序结束。

飞行排行榜

| 1 | 2 | 3 | 4 |

待排序选手

95秒　90秒

**9** 从头开始，暂定 为最小值，把它跟后面的选手依次作比较。

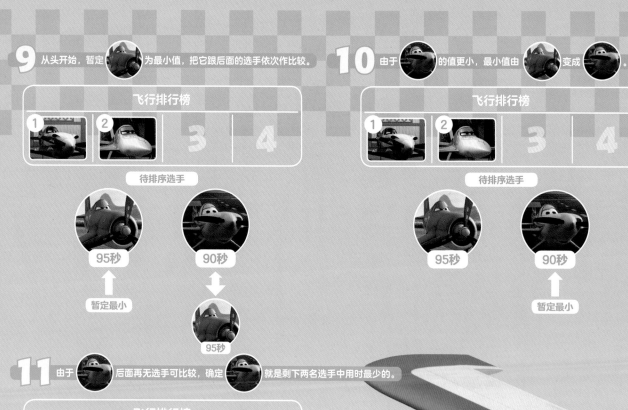

飞行排行榜
1　2　3　4

待排序选手

95秒　　　90秒

暂定最小

95秒

**10** 由于 的值更小，最小值由 变成 。

飞行排行榜
1　2　3　4

待排序选手

95秒　　　90秒

暂定最小

**11** 由于 后面再无选手可比较，确定 就是剩下两名选手中用时最少的。

飞行排行榜
1　2　3　4

待排序选手

95秒　　　90秒

最小

**12** 将 放到排行榜的第三位置。第三轮排序结束。

飞行排行榜
1　2　3　4

待排序选手

95秒

**13** 剩下1名选手 由于已无其他选手可比较，直接放到排行榜末尾。

# 排序完成

飞行排行榜
1　2　3　4

## 这就是选择排序法：

每一轮都通过比较选择出待排序数据中最小值（或最大值），放到新序列中，直到完成新序列排序。

现在，把所有选手的飞行用时都放在一起。利用选择排序法，德思奇发现，自己排名……

# 第六！

他不能参加环球之翼飞行大赛了吗？

**新消息**

比赛组委会调查发现，排名第五的选手服用了违禁品，比赛成绩作废。第六名德思奇因此晋级为第五名，进入了环球之翼飞行大赛。

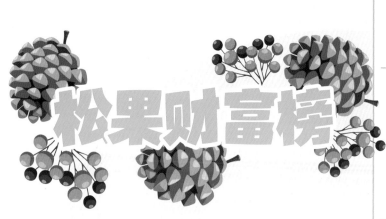

松果财富榜

新一届"松果财富榜"的评选开始了，
松鼠们都想知道自己的排名。

找到随书附赠的松鼠卡牌。先把"松
鼠"们随机摆到财富榜上，再用选择排
序法，把它们按松果值从高到低排好。

| 松果财富榜 | |
| --- | --- |
| 1 | |
| 2 | |
| 3 | |
| 4 | |
| 5 | |
| 6 | |
| 7 | |
| 8 | |
| 9 | |
| 10 | |

# 排出音乐声

排箫音色纯美，空灵飘逸，具有很强的穿透力

现在，找到附赠的竹管卡牌，先把卡牌随机摆放，再利用选择排序法，将卡牌按背面数字从小到大排序摆放，给自己做一个排箫吧！

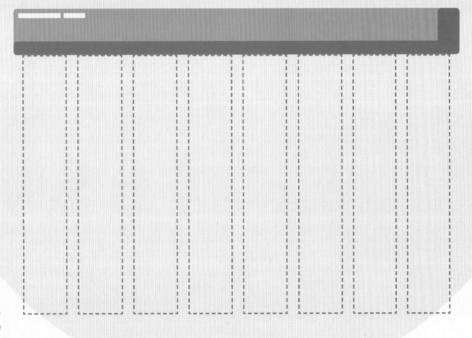

这是 _____ 的
排箫！

| 电影名 | 无敌破坏王 |
|--------|-----------|
| 场次 | 1场1次 |

# 「凯撒加密法」

凯撒加密法是凯撒大帝作战时用过的一种加密的方法。

现在

因为只要她出现在比赛中，

# 云妮洛普

原本是电子游戏《甜蜜冲刺》里最出色的赛车手。

却被禁止参加比赛！

游戏画面就会扭曲变形。

玩家会以为游戏像《无敌破坏王》一样坏了，而向商家投诉。

商家就会像处理《无敌破坏王》一样，
维修甚至下架《甜蜜冲刺》。

一旦下架游戏，糖果王国的居民就会无家可归。

这一切都是糖果国王的阴谋。

可实际上，

糖果国王为了

让自己永远保持比赛第一名……

偷偷潜入了数据库……

代码，是支撑游戏的命脉。

删除了云妮洛普的代码，这才导致云妮洛普成了游戏故障。

只要云妮洛普再次冲过终点线，游戏就会重启，她就不再是故障了。

好消息是……

但狡猾的糖果国王想再一次潜入数据库，取消云妮洛普的参赛资格。

快想办法阻止他吧！

咔！

PANELLOPE SCHWEETZ

| 电影名 | 无敌破坏王 |
|--------|-----------|
| 场次 | 1场1次 |

**注意！**

糖果国王正准备再次入侵《甜蜜冲刺》游戏的数据库。

作为云妮洛普的好朋友，拉尔夫必须想办法阻止他进入。

**好消息是：**

数据库入口的开关

是由一系列方向和字母组成的指令控制的。

方向指令

字母指令

如果能给这些指令信息进行**加密**，

让糖果国王得不到正确的指令，

糖果国王就无法进入数据库随意删改代码了！

说到由字母组成的信息加密……
拉尔夫想到了

凯撒加密法

 **凯撒加密法** 的核心是平移，就是把明文里的所有字母在字母表上向后（或向前），按固定数目平移，得到一组新的字母作为密文。

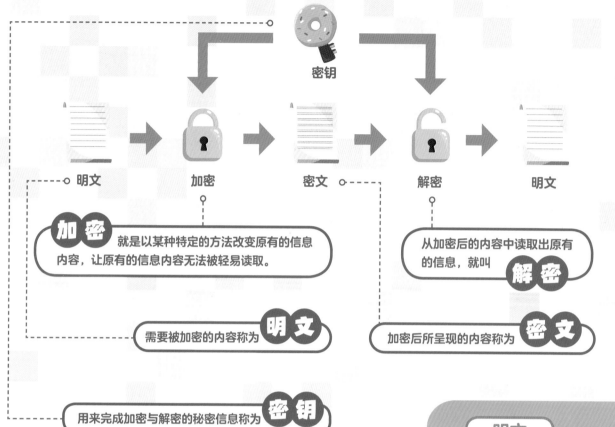

密钥

明文 → 加密 → 密文 → 解密 → 明文

**加密** 就是以某种特定的方法改变原有的信息内容，让原有的信息内容无法被轻易读取。

从加密后的内容中读取出原有的信息，就叫 **解密**

需要被加密的内容称为 **明文**

加密后所呈现的内容称为 **密文**

用来完成加密与解密的秘密信息称为 **密钥**

加密并不能防止信息被他人截取，但能防止截取者理解信息内容，从而保证信息安全。

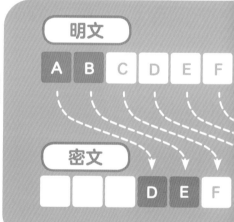

明文
| A | B | C | D | E | F |

密文
| | | | D | E | F |

**练习一下吧**

观察《甜蜜冲刺》游戏的数据库入口指令，发现其中有一串指令是由字母组成的：BA START，试着用凯撒加密法给这串字母加密吧！

BA START

# 凯撒加密法是这样给信息加密的:

**1** 设计密钥。如果想让字母向后平移，密钥为N（N为1~25中的任一数字）；如果想让字母向前平移，密钥为-N（N为1~25中的任一数字）。现在，假设密钥为3，也就是，把指令里的所有字母在字母表上向后平移3个位置。

密钥是: 3 ————→

向后平移3个位置

| A | B | C | D | E | F | G | H | I | J | K | L | M | N | O | P | Q | R | S | T | U | V | W | X | Y | Z |
|---|---|---|---|---|---|---|---|---|---|---|---|---|---|---|---|---|---|---|---|---|---|---|---|---|---|

**2** 根据密钥给字母加密。待加密信息里的字母A位向后平移3个位置对应字母D，字母B位移后对应字母E，字母R、S、T位移后分别对应字母U、V、W。

| J | K | L | M | N | O | P | Q | **R** | **S** | **T** | U | V | W | X | Y | Z |
|---|---|---|---|---|---|---|---|---|---|---|---|---|---|---|---|---|

| J | K | L | M | N | O | P | Q | R | S | T | **U** | **V** | **W** | X | Y | Z | A | B | C |
|---|---|---|---|---|---|---|---|---|---|---|---|---|---|---|---|---|---|---|---|

**3** 根据对应关系，替换待加密指令里的字母，**加密完成**

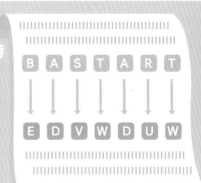

| B | A | S | T | A | R | T |
|---|---|---|---|---|---|---|
| E | D | V | W | D | U | W |

# 加密后的信息如何解密呢？

**1** 获取解密密钥。在凯撒加密中，解密密钥和加密密钥数字相同。

密钥是：3

向前平移3个位置

| A | B | C | D | E | F | G | H | I | J | K | L | M | N | O | P | Q | R | S | T | U | V | W | X | Y | Z |

**2** 根据密钥，解密"EDVWDUW"。解密和加密移动的位数一样，都是3，但方向相反。

明文

| A | B | C | D | E | F | G | H | I | J | K | L | M |

密文

|  |  | D | E | F | G | H | I | J | K | L | M | N |

**3** 根据对应关系，替换密文里的字母，**解密完成**!

| E | D | V | W | D | U | W |
|---|---|---|---|---|---|---|
| ↓ | ↓ | ↓ | ↓ | ↓ | ↓ | ↓ |
| B | A | S | T | A | R | T |

| P | Q | R | S | T | U | V | W | X | Y | Z |
|---|---|---|---|---|---|---|---|---|---|---|

| P | Q | R | S | T | U | V | W | X | Y | Z | A | B | C |
|---|---|---|---|---|---|---|---|---|---|---|---|---|---|

# 用凯撒加密法完成下面的趣味挑战吧!

挑战1

 加密"CODE"

利用随书附赠的字母条,给"CODE"加个密吧!

 密钥是:5

密文: ☐ ☐ ☐ ☐

挑战2

# 🔒 解密"ETTPI"

利用随书附赠的字母条，解密字母"ETTPI"代表下面哪种水果？

 密钥是：4

明文：☐ ☐ ☐ ☐ ☐

| 电影名 | 无敌破坏王2 |
| --- | --- |
| 场次 | 1场1次 |

# 贪心法

贪心法是指，在问题求解时，每一步总是做出当前最好的选择。

一天，一位玩家不小心弄坏了游戏机的方向盘。

现在就让我们看看用贪心法是怎样做选择的吧！

云妮洛普是赛车游戏《甜蜜冲刺》里的角色。

可这款游戏机已经停产多年了，

商店里根本买不到替换的方向盘。

没有新的方向盘
游戏机就要报废了！

生活在游戏中的云妮洛普将
无家可归！

61

为了拯救自己，云妮洛普在好友拉尔夫的陪伴下，来到了互联网世界。

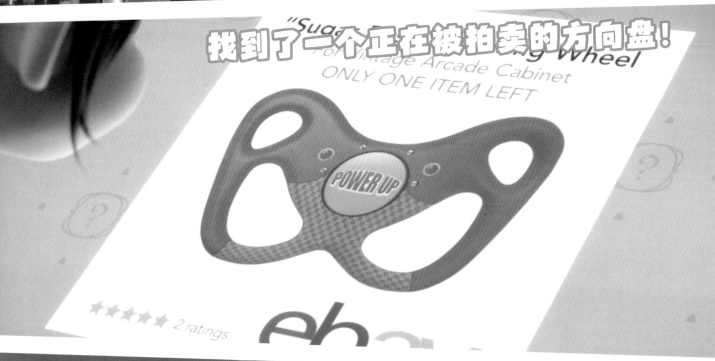

找到了一个正在被拍卖的方向盘！

"Sug...g wheel
For Vintage Arcade Cabinet
ONLY ONE ITEM LEFT

POWER UP

★★★★★ 2 ratings

eb...

不懂拍卖规则的两个人喊出了一个惊天价格！

27001！

成交！请去付款处交钱吧！

但他们哪有这么多钱呀！

听着，如果24小时内没有付款，你们将失去竞拍资格，也别想拿到拍卖品。

抓紧时间去筹钱吧！

咔！

| 电影名 | 无敌破坏王2 |
|---|---|
| 场次 | 1场1次 |

**注意！**

为了购买方向盘，云妮洛普和拉尔夫必须在24小时内赚到27001美元。

辣鸡弹窗仔告诉他们，可以通过
# 玩游戏赚钱。

| 游戏名称 | 报酬（美元） | 游戏时长（小时） |
|---|---|---|
| 黄金罗盘 | 2700 | 0.6 |
| 巫师冒险 | 5250 | 1.5 |
| 爆音视频 | 4800 | 1.2 |
| 职业联赛 | 6720 | 2 |
| 僵尸圣战 | 5750 | 1.6 |
| 狂暴飙车 | 7200 | 1 |
| 迪士尼粉丝专页 | 12000 | 6 |

**要求：**

1. 每个游戏所花费的时间和挣到的钱数是不一样的；
2. 不能重复玩同一个游戏。

**注意：**

辣鸡弹窗仔给出了两种游戏模式，云妮洛普和拉尔夫只能选其中一种模式。

模式1：只能玩4个游戏，不限时长。

模式2：只能玩8小时，不限数量。

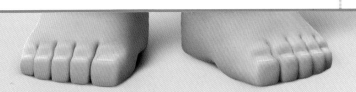

到底选哪种模式，玩哪些游戏，才能尽快赚到27001美元呢？
**云妮洛普和拉尔夫决定用贪心法进行选择！**

# 贪心法是这样

## 帮云妮洛普制订赚钱方案的！

**模式1：只能玩4个游戏，不限时长。**

这种模式下，为了赚尽可能多的钱，需要找出赚钱总数最多的4个游戏。

第一步：按照报酬从高到低的顺序，给所有游戏排序。

第二步：依次选出报酬较高的前4个游戏。

第三步：计算出总报酬，看是否达成了目标。

### 具体来说，可以这样做：

**1** 把游戏按报酬从高到低排序。

| 游戏名称 | 迪士尼粉丝专页 | 狂暴飙车 | 职业联赛 | 僵尸圣战 | 巫师冒险 | 爆音视频 | 黄金罗盘 |
|---|---|---|---|---|---|---|---|
| 报酬（美元） | 12000 | 7200 | 6720 | 5750 | 5250 | 4800 | 2700 |
| 游戏时长（小时） | 6 | 1 | 2 | 1.6 | 1.5 | 1.2 | 0.6 |

**2** 第一个游戏，选择报酬最高的"迪士尼粉丝专页"。

| 游戏名称 | 迪士尼粉丝专页 | 狂暴飙车 | 职业联赛 | 僵尸圣战 | 巫师冒险 | 爆音视频 | 黄金罗盘 |
|---|---|---|---|---|---|---|---|
| 报酬（美元） | 12000 | 7200 | 6720 | 5750 | 5250 | 4800 | 2700 |
| 游戏时长（小时） | 6 | 1 | 2 | 1.6 | 1.5 | 1.2 | 0.6 |

已选择1个游戏：

| 游戏数量 | 游戏1 | 游戏2 | 游戏3 | 游戏4 |
|---|---|---|---|---|
| 游戏名称 | 迪士尼粉丝专页 | | | |
| 报酬（美元） | 12000 | | | |
| 游戏时长（小时） | 6 | | | |

**3** 第二个游戏，在剩下的游戏中，选择报酬最高的"狂暴飙车"。

| 游戏名称 | 迪士尼粉丝专页 | 狂暴飙车 | 职业联赛 | 僵尸圣战 | 巫师冒险 | 爆音视频 | 黄金罗盘 |
|---|---|---|---|---|---|---|---|
| 报酬（美元） | 12000 | 7200 | 6720 | 5750 | 5250 | 4800 | 2700 |
| 游戏时长（小时） | 6 | 1 | 2 | 1.6 | 1.5 | 1.2 | 0.6 |

已选择2个游戏：

| 游戏数量 | 游戏1 | 游戏2 | 游戏3 | 游戏4 |
|---|---|---|---|---|
| 游戏名称 | 迪士尼粉丝专页 | 狂暴飙车 | | |
| 报酬（美元） | 12000 | 7200 | | |
| 游戏时长（小时） | 6 | 1 | | |

**4** 继续在剩下的游戏中，选择报酬最高的第三个游戏"职业联赛"。

| 游戏名称 | 迪士尼粉丝专页 | 狂暴飙车 | 职业联赛 | 僵尸圣战 | 巫师冒险 | 爆音视频 | 黄金罗盘 |
|---|---|---|---|---|---|---|---|
| 报酬（美元） | 12000 | 7200 | 6720 | 5750 | 5250 | 4800 | 2700 |
| 游戏时长（小时） | 6 | 1 | 2 | 1.6 | 1.5 | 1.2 | 0.6 |

已选择3个游戏：

| 游戏数量 | 游戏1 | 游戏2 | 游戏3 | 游戏4 |
|---|---|---|---|---|
| 游戏名称 | 迪士尼粉丝专页 | 狂暴飙车 | 职业联赛 | |
| 报酬（美元） | 12000 | 7200 | 6720 | |
| 游戏时长（小时） | 6 | 1 | 2 | |

**5** 继续从剩下的游戏中，选择报酬最高的"僵尸圣战"。

| 游戏名称 | 迪士尼粉丝专页 | 狂暴飙车 | 职业联赛 | 僵尸圣战 | 巫师冒险 | 爆音视频 | 黄金罗盘 |
|---|---|---|---|---|---|---|---|
| 报酬（美元） | 12000 | 7200 | 6720 | 5750 | 5250 | 4800 | 2700 |
| 游戏时长（小时） | 6 | 1 | 2 | 1.6 | 1.5 | 1.2 | 0.6 |

哇哦，4个游戏全部选定！

| 游戏数量 | 游戏1 | 游戏2 | 游戏3 | 游戏4 |
|---|---|---|---|---|
| 游戏名称 | 迪士尼粉丝专页 | 狂暴飙车 | 职业联赛 | 僵尸圣战 |
| 报酬（美元） | 12000 | 7200 | 6720 | 5750 |
| 游戏时长（小时） | 6 | 1 | 2 | 1.6 |

此时，总报酬数为

# 31670美元

大于27001美元，赚钱成功！

总用时：

# 10.6小时

## 模式2：只能玩8个小时，不限数量。

这种模式下，要想在8小时内赚取更多的钱，需要选取平均**每小时赚钱最多的游戏**。

第一步：先计算出每个游戏、每小时所赚钱数。
第二步：给所有游戏排序，注意，这次要按照"每小时赚钱数"从高到低的顺序排。
第三步：按顺序选择游戏，并计算出"游戏时长"，直到玩够8个小时。
第四步：查看在8个小时内，是否赚够了27001美元。

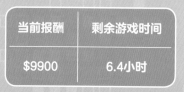

**1** 根据游戏每小时内所赚钱数，按照从高到低的顺序排序。

| 游戏名称 | 狂暴飙车 | 黄金罗盘 | 爆音视频 | 僵尸圣战 | 巫师冒险 | 职业联赛 | 迪士尼粉丝专页 |
|---|---|---|---|---|---|---|---|
| 报酬（美元） | 7200 | 2700 | 4800 | 5750 | 5250 | 6720 | 12000 |
| 游戏时长（小时） | 1 | 0.6 | 1.2 | 1.6 | 1.5 | 2 | 6 |
| 每小时报酬（美元/小时） | 7200 | 4500 | 4000 | 3594 | 3500 | 3360 | 2000 |

**2** 第一个游戏，选择每小时赚钱最多的"狂暴飙车"，花费游戏时长1小时。

| 当前报酬 | 剩余游戏时间 |
|---|---|
| $7200 | 7小时 |

目前，累计用时1小时，还剩7小时，可以继续选游戏。

**3** 在剩下游戏中，选择每小时报酬最高的"黄金罗盘"，花费游戏时长0.6小时。

| 游戏名称 | 狂暴飙车 | 黄金罗盘 | 爆音视频 | 僵尸圣战 | 巫师冒险 | 职业联赛 | 迪士尼粉丝专页 |
|---|---|---|---|---|---|---|---|
| 报酬（美元） | 7200 | 2700 | 4800 | 5750 | 5250 | 6720 | 12000 |
| 游戏时长（小时） | 1 | 0.6 | 1.2 | 1.6 | 1.5 | 2 | 6 |
| 每小时报酬（美元/小时） | 7200 | 4500 | 4000 | 3594 | 3500 | 3360 | 2000 |

| 当前报酬 | 剩余游戏时间 |
|---|---|
| $9900 | 6.4小时 |

选定2个游戏后，当前报酬是9900美元，累计用时为1.6小时，还有6.4小时，继续选择吧！

**4** 从剩下的游戏中选择每小时报酬最高的"爆音视频"，花费游戏时长1.2小时。

| 游戏名称 | 狂暴飙车 | 黄金罗盘 | 爆音视频 | 僵尸圣战 | 巫师冒险 | 职业联赛 | 迪士尼粉丝专页 |
|---|---|---|---|---|---|---|---|
| 报酬（美元） | 7200 | 2700 | 4800 | 5750 | 5250 | 6720 | 12000 |
| 游戏时长（小时） | 1 | 0.6 | 1.2 | 1.6 | 1.5 | 2 | 6 |
| 每小时报酬（美元/小时） | 7200 | 4500 | 4000 | 3594 | 3500 | 3360 | 2000 |

| 当前报酬 | 剩余游戏时间 |
|---|---|
| $14700 | 5.2小时 |

选定3个游戏后，当前报酬达到14700美元，这些钱远远不够，还有时间，继续选择游戏吧！

**5** 从剩下的游戏中选择每小时报酬最高的"僵尸圣战"，花费游戏时长1.6小时。

| 游戏名称 | 狂暴飙车 | 黄金罗盘 | 爆音视频 | 僵尸圣战 | 巫师冒险 | 职业联赛 | 迪士尼粉丝专页 |
|---|---|---|---|---|---|---|---|
| 报酬（美元） | 7200 | 2700 | 4800 | 5750 | 5250 | 6720 | 12000 |
| 游戏时长（小时） | 1 | 0.6 | 1.2 | 1.6 | 1.5 | 2 | 6 |
| 每小时报酬（美元/小时） | 7200 | 4500 | 4000 | 3594 | 3500 | 3360 | 2000 |

| 当前报酬 | 剩余游戏时间 |
|---|---|
| $20450 | 3.6小时 |

已经选择了4个游戏了，但钱还是不够，既然还有时间，就继续选择吧！

**6** 从剩下的游戏中选择每小时报酬最高的"巫师冒险"，花费游戏时长1.5小时。

| 游戏名称 | 狂暴飙车 | 黄金罗盘 | 爆音视频 | 僵尸圣战 | 巫师冒险 | 职业联赛 | 迪士尼粉丝专页 |
|---|---|---|---|---|---|---|---|
| 报酬（美元） | 7200 | 2700 | 4800 | 5750 | 5250 | 6720 | 12000 |
| 游戏时长（小时） | 1 | 0.6 | 1.2 | 1.6 | 1.5 | 2 | 6 |
| 每小时报酬（美元/小时） | 7200 | 4500 | 4000 | 3594 | 3500 | 3360 | 2000 |

| 当前报酬 | 剩余游戏时间 |
|---|---|
| $25700 | 2.1小时 |

选完5个游戏后，报酬越来越接近目标金额，还有2.1小时，继续选游戏吧！

**7** 从剩下的游戏中选择每小时报酬最高的"职业联赛"。

| 游戏名称 | 狂暴飙车 | 黄金罗盘 | 爆音视频 | 僵尸圣战 | 巫师冒险 | 职业联赛 | 迪士尼粉丝专页 |
|---|---|---|---|---|---|---|---|
| 报酬（美元） | 7200 | 2700 | 4800 | 5750 | 5250 | 6720 | 12000 |
| 游戏时长（小时） | 1 | 0.6 | 1.2 | 1.6 | 1.5 | 2 | 6 |
| 每小时报酬（美元/小时） | 7200 | 4500 | 4000 | 3594 | 3500 | 3360 | 2000 |

| 当前报酬 | 剩余游戏时间 |
|---|---|
| $32420 | 0.1小时 |

太棒了！当前报酬为32420美元，远远超过了目标钱数，筹钱成功！

**结论**

**模式1** 只能玩4个游戏，不限时长。
获得31670美元（大于27001美元），总用时10.6小时！

**模式2** 只能玩8个小时，不限数量。
获得32420美元（大于27001美元），总用时7.9小时！

比较得出，要想尽快赚够27001美元，模式2是最优解！

**这就是贪心法：**

第一步，先将问题分解成几个子问题；第二步，对每个子问题求当前情况的最优选择；第三步，对比子问题的最优选择得出最后结果。

# 阿里巴巴和四十大盗

情境1

阿里巴巴带着背包来到四十大盗的藏宝洞，大盗头子允诺送给阿里巴巴一些宝贝，
但有条件限制。请用贪心法帮阿里巴巴带走总价值最高的宝贝吧！

大盗头子

不管宝贝是大是小，
占几个格，你只能带
走4件宝贝！

才4件？小气鬼！

阿里巴巴

找到随书附赠的宝贝卡牌，把答
案放进阿里巴巴怀里吧！

为了获得最高总价值，阿里巴巴
最后带走的4件宝贝是……

算了，我今天心情好，你想拿多少件宝贝就拿多少件吧，只要这个背包放得下！

呃……这个背包，总共也只能放4×4也就是16格大小的物品呀！

找到随书附赠的宝贝卡牌，注意宝贝大小占几个格，把答案放进下面的"背包"里吧！

为了获得最高总价值，阿里巴巴最后带走的宝贝是……

# 参考答案

## 顺序查找法参考答案

## 二分查找法零食拆拆乐参考答案

**1** 找到中间位置的盒子，查看得知，该盒子重157克。

| 1 | 2 | 3 | 4 | 5 | 6 | 7 | 8 | 9 | 10 | 11 |
▲

**2** 由于136<157，推断可知，装有甜甜圈的盒子位于该盒子的左边，所以将157克重的盒子及其右边的盒子移出查找范围。

| 1 | 2 | 3 | 4 | 5 |

**3** 在剩下的盒子中继续查看中间位置的盒子，查找结果为127克。

| 1 | 2 | 3 | 4 | 5 |
▲

**4** 由于136>127，推断可知，装有甜甜圈的盒子位于该盒子的右边，所以将127克重的盒子及其左边的盒子移出查找范围。

| 4 | 5 |

**5** 查看剩下两个盒子的重量，哪一个重136克，就是装有甜甜圈的盒子啦！

| 4 | 5 |

## 二分查找法
## 心中有"数"参考答案

第一次可以猜1~50中间的那个数字25。

 1,2,3,4,...,25,...,47,48,49,50

小啦！

由于25<目标数字，所以目标数字肯定在26~50中，第二次你就可以猜26~50中间的数字38。

26,27,28,29,...,38,...,47,48,49,50

大啦！

由于38>目标数字，所以目标数字肯定在26~37中，第三次你就可以猜26~37中间的数字32。

26,27,28,...,32,...,35,36,37

小啦！

由于32<目标数字，所以目标数字肯定在33~37中，第四次你就可以猜33~37中间的数字35。

33,34,35,36,37

猜对啦！

## 冒泡排序法
## 排队做体操参考答案

## 冒泡排序法
## 西瓜我最大参考答案

## 选择排序法 松果财富榜 参考答案

| 1 | 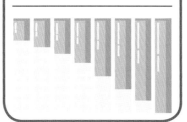60颗 |
|---|---|
| 1 | 60颗 |
| 2 | 55颗 |
| 3 | 46颗 |
| 4 | 35颗 |
| 5 | 31颗 |
| 6 | 28颗 |
| 7 | 21颗 |
| 8 | 17颗 |
| 9 | 15颗 |
| 10 | 10颗 |

## 选择排序法 排出音乐声 参考答案

## 凯撒加密法 加密"CODE" 参考答案

C O E D

加密后变成

H T I J

## 凯撒加密法 解密"ETTPI"参考答案

E T T P I  解密后得到 → A P P L E

🍎 是苹果!

## 贪心法情境2参考答案

虽然可带走的宝贝数量不限，但背包空间有限。为了让带走的宝贝总价值最高，应该尽量挑选单位格子内价值最高的宝贝。

首先计算出每件宝贝的单位格子价值，也就是用宝贝的总价值除以宝贝所占的格子数。

| 名称 | 宝石皇冠 | 魔法水晶球 | 战士的披风 | 闪电宝石 | 火焰宝石 | 冰冻宝石 |
|---|---|---|---|---|---|---|
| 所占格子 | 4 | 4 | 4 | 2 | 2 | 2 |
| 价值 | 96 | 220 | 128 | 84 | 60 | 56 |
| 单位尺寸价值<br>总价值/所占格子数 | 24 | 55 | 32 | 42 | 30 | 28 |

| 名称 | 暴风宝石 | 力量戒指 | 敏捷戒指 | 智慧戒指 | 运气戒指 |
|---|---|---|---|---|---|
| 所占格子 | 2 | 1 | 1 | 1 | 1 |
| 价值 | 80 | 35 | 31 | 50 | 45 |
| 单位尺寸价值<br>总价值/所占格子数 | 40 | 35 | 31 | 50 | 45 |

把宝贝按单位尺寸价值从高到低的顺序进行排序

| 名称 | 魔法水晶球 | 智慧戒指 | 运气戒指 | 闪电宝石 | 暴风宝石 | 力量戒指 |
|---|---|---|---|---|---|---|
| 所占格子 | 4 | 1 | 1 | 2 | 2 | 1 |
| 价值 | 220 | 50 | 45 | 84 | 80 | 35 |
| 单位尺寸价值<br>总价值/所占格子数 | 55 | 50 | 45 | 42 | 40 | 35 |

| 名称 | 战士的披风 | 敏捷戒指 | 火焰宝石 | 冰冻宝石 | 宝石皇冠 |
|---|---|---|---|---|---|
| 所占格子 | 4 | 1 | 2 | 2 | 4 |
| 价值 | 128 | 31 | 60 | 56 | 96 |
| 单位尺寸价值<br>总价值/所占格子数 | 32 | 31 | 30 | 28 | 24 |

根据排序高低，依次把宝贝放进背包。当依次装完魔法水晶球-智慧戒指-运气戒指-闪电宝石-暴风宝石-力量戒指-战士的披风-敏捷戒指时，发现背包恰好被填满。

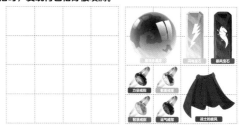

它们的总价值为：220+50+45+84+80+35+128+31=673

## 贪心法情境1参考答案

由于可带走的宝贝数量有限，为了让4件宝贝的总价值最高，应该挑选价值最高的前4件宝贝。

先把所有宝贝按价值从高到低的顺序进行排序

| 名称 | 魔法水晶球 | 战士的披风 | 宝石皇冠 | 闪电宝石 | 暴风宝石 | 火焰宝石 |
|---|---|---|---|---|---|---|
| 价值 | 220 | 128 | 96 | 84 | 80 | 60 |

| 名称 | 冰冻宝石 | 智慧戒指 | 运气戒指 | 力量戒指 | 敏捷戒指 |
|---|---|---|---|---|---|
| 价值 | 56 | 50 | 45 | 35 | 31 |

挑出价值排序前4位的宝贝，就是我要带走的宝贝啦！

战士的披风

它们的总价值为：220+128+96+84=528